28432

DESCRIPTION

DE PLUSIEURS

INSTRUMENS NOUVEAUX

POUR CONSERVER

ET

AMÉLIORER LES VINS.

DESCRIPTION

DE PLUSIEURS

INSTRUMENS NOUVEAUX

POUR CONSERVER

ET

AMÉLIORER LES VINS.

Par J. Ch. HERPIN,

Membre de la Société royale et centrale d'Agriculture de France;
de l'Athenée des Arts; de la Société Linnéenne, etc.; l'un
des collaborateurs des Annales de l'Industrie, de la nouvelle
description des Arts et Métiers, de la Revue Encyclopé-
dique, etc.

PARIS,

Chez { AUDOT, libraire, rue des Maçons-Sorbonne, n°. 11.
L. COLAS, libraire, rue Dauphine, n°. 32.
Mme. HUZARD, rue de l'Eperon, n°. 7.

1823.

DESCRIPTION

DE PLUSIEURS

INSTRUMENS NOUVEAUX

POUR CONSERVER

ET

AMÉLIORER LES VINS.

§. I.

Sur la fermentation et le décuvage.

A une époque où les savans et les œnologistes semblent diriger leur attention vers la fermentation des vins, nous pensons qu'il n'est pas inutile de faire connaître les procédés et les moyens dont nous avons fait usage pour quelques-unes de nos expériences sur cet objet, et les résultats que nous en avons obtenus.

Nous avons spécialement opéré en vases clos, c'est-à-dire, dans des cuves exactement fermées.

Notre but était d'étudier la marche de la fermentation; mais la clôture de la cuve nous empêchait de reconnaître le mouvement du marc, qui sert ordinairement à fixer le terme du décuvage ; nous voulions aussi examiner la différence de température de la cuve aux diverses époques de la fermentation.

D'un autre côté, il fallait parvenir à ce double but, sans nuire en rien à la fermeture exacte de la cuve.

Voici l'appareil que nous avons construit à cet effet.

A, fig. 1. Cuve ordinaire ; elle est exactement fermée par un couvercle de bois, B, soutenu par des liteaux placés en dedans de la cuve, en sorte que le dessus du couvercle en affleure le bord.

Les jointures sont exactement lutées au moyen d'un mastic ou avec du suif.

Ce couvercle est percé de deux trous : C et D.

Le trou C doit avoir 54 millimètres (2 pouces) de diamètre : il est surmonté du tuyau E, en fer-blanc, qui s'attache à l'ouverture C, au moyen d'un pied F et de vis à bois.

Ce tuyau, dont on voit la forme dans la figure, peut être cylindrique ou prismatique ; il plonge dans le vase G contenant de l'eau. Ce vase se hausse ou se baisse à volonté, en sorte que le tuyau E y plonge depuis 2 millimètres (une ligne), jusqu'à 8 centimètres (3 pouces) de hauteur.

Si l'on veut recueillir le gaz, on emploie lors un appareil pneumato-chimique.

Le tuyau E porte, en H, deux ouvertures opposées qui sont fermées exactement par deux morceaux de verre bien mastiqués; on peut également employer un tube cylindrique de verre du diamètre convenable : voyez la figure 3.

I, Indicateur gradué en pouces ou en centimètres; il repose sur le marc au moyen d'un pied J. Sur ce pied on voit deux liteaux de 13 millimètres (6 lignes) carrés, qui ont pour objet d'empêcher que le pied, en s'appliquant à l'ouverture C, ne vienne à la boucher, ce qui occasionnerait des inconvéniens graves. Il doit y avoir d'ailleurs, entre le marc et le couvercle, un espace de 33 centimètres (un pied).

On conçoit que si l'indicateur est placé au milieu de la cuve sur le marc, sa tige passera par l'ouverture C du couvercle et se prolongera dans le tuyau E : on pourra voir alors les mouvemens de l'indicateur, par les verres H, et cela sans que le gaz s'échappe en aucune manière.

On se sert de l'appareil K, L, M pour reconnaître la température de la cuve à diverses hauteurs.

K, est une cloche de verre surmontée d'une boîte à cuirs construite comme pour les expériences dans le vide, elle est mastiquée à un pied de bois qui s'applique, au moyen de vis, à l'ouverture D.

L , Tige de fer poli qui traverse les cuirs gras, et qui porte à son extrémité inférieure un thermomètre M , que l'on enfonce dans la cuve plus ou moins, à volonté.

En retirant la tige L , on élève le thermomètre attaché à cette tige et l'on peut voir à travers les parois de la cloche K, le degré qu'il indique.

La figure 2 donne le plan de l'appareil.

Par ces moyens, il est extrêmement facile de faire les observations, sans donner d'issue au gaz qu'il est important de conserver.

Enfin un troisième instrument qu'il convient d'avoir pour compléter son expérience, est le Gleucomètre ou sorte de *pèse-moût*, qui indique suffisamment le progrès de la fermentation.

Voici sur quoi est fondé cet instrument : le moût (vin doux) a une pesanteur spécifique plus grande que celle de l'eau ; au fur et à mesure que ce moût devient vin, sa pesanteur spécifique diminue, en sorte qu'elle devient égale à celle de l'eau, lorsque la liqueur sucrée est devenue vineuse. C'est là le moment de décuver.

Quelquefois cet instrument peut donner lieu à des erreurs, à cause de la différente densité des moûts, etc. ; aussi ne doit-on jamais négliger de consulter les autres signes du décuvage.

Tout pèse-vin, ou pèse-liqueur qui marque le degré de l'eau, peut être employé comme Gleucomètre.

Ces instrumens sont très cassans, dispendieux et par conséquent peu à la portée du vigneron. Voici l'instrument que nous avons fait pour le remplacer, instrument que tout le monde peut faire facilement et sans frais.

Prenez une petite bouteille de verre, ou une fiole à médecine, de la contenance d'une once environ ; mettez-y de l'eau, du sable ou de la grenaille de plomb : bouchez-la ensuite et mettez-la dans un vase contenant de l'eau distillée ou de l'eau très-claire et très-pure ; si la bouteille surnage, ajoutez y successivement du poids jusqu'à ce qu'enfin elle s'enfonce *tout doucement* dans l'eau ; alors, coupez l'excédant du bouchon et mettez au dessus un peu de mastic ou de cire à cacheter. L'instrument est terminé ; nous en indiquerons l'usage plus loin.

Les expériences que nous avons faites pendant plusieurs années avec des cuves disposées comme il a été dit, nous ont présenté plusieurs faits dignes de remarque, et dont nous croyons utile de faire mention.

1°. Le vin fait dans ces cuves, soumis à la distillation, a produit la même quantité d'alcool que le même vin, fait en cuves découvertes ou revêtues de l'appareil dit *vinificateur*.

2°. Sur 2,400 kilogrammes de raisin d'une même vendange, distribués également dans deux cuves, l'une couverte par notre appareil, et l'autre couverte avec une grosse toile, nous n'avons trouvé dans le poids total du vin et du marc de chaque cuvée, qu'une différence d'un kilogramme en faveur de la cuve close (1).

3°. Le couvercle qui pesait 32 kilogrammes étant sec, a pesé un demi-kilogramme de plus, après l'ouverture de la cuve : il était humecté d'une liqueur aqueuse. C'est cette liqueur aqueuse qui est condensée par l'appareil dit *vinificateur*.

4°. Nous nous sommes convaincu qu'un couvercle amovible, quoique luté avec toutes les précautions possibles, n'est pas suffisant pour retenir le gaz carbonique, et qu'il est nécessaire, pour que la soupape hydraulique fasse son effet, que le couvercle soit aussi hermétiquement joint que s'il était un fonds.

5°. Un autre fait très-intéressant que nos expériences nous ont mis à même d'observer, c'est que la masse fermentante s'élève ou s'abaisse, et que sa température augmente ou diminue, selon l'élévation ou l'abaisse-

______

(1) Nos expériences ont été faites dans les environs de Metz (Moselle). La température atmosphérique y varie ordinairement pendant les vendanges, entre 5 et 10 degrés centigr. La fermentation en cuves découvertes est terminée après quatre ou six jours.

ment de la température atmosphérique ; car nous avons vu, dans un seul jour, le marc baisser de 162 millimètres (6 pouces), et remonter à cette hauteur, parce que la température atmosphérique qui était à $+$ 10° c. la veille, était descendue à o pendant la nuit, et qu'elle était remontée le jour suivant à $+$ 12°.

Nous concluons de là, que la pratique généralement adoptée de décuver lorsque le marc commence à baisser, est fondée sur une supposition erronée.

Pour trouver avec justesse et précision le moment opportun du décuvage, il faut consulter à la fois et simultanément, les thermomètres, l'indicateur, le pèse-moût et le palais.

1°. Il faut deux thermomètres : l'un placé en dehors du cellier pour reconnaître la température atmosphérique, et l'autre placé dans la cuve à une hauteur déterminée (par exemple, au milieu), car la chaleur de la cuve n'est pas la même à différentes hauteurs.

2°. Si la température atmosphérique ne contrarie pas la marche de la fermentation, l'indicateur montera graduellement et uniformément ; il demeurera stationnaire pendant un jour environ, après quoi il descendra, en suivant toujours le mouvement du marc sur lequel il est posé.

3°. Pour se servir du *pèse-moût* et pour reconnaître si la fermentation est suffisamment avancée, tirez du moût de la cuve par un robinet placé à 33 centimètres (un pied) environ, au-dessus du fonds inférieur : mettez ce moût dans un vase assez grand pour que la fiole pèse-moût puisse y entrer à l'aise, et plongez cette fiole dans le moût. Elle s'y enfoncera d'autant plus que la fermentation sera plus avancée; enfin elle disparaîtra : c'est alors qu'il faudra décuver.

4°. La dégustation indiquera les diverses périodes de la conversion du principe sucré du moût en esprit.

Chacun de ces signes consulté isolément, pourrait quelquefois induire en erreur ; mais, s'ils sont pris tous ensemble, ils donneront la juste solution du problème du décuvage du vin, qui est indiqué : lorsque l'indicateur et le thermomètre restent stationnaires ou qu'ils commencent à baisser, que le pèse-moût s'enfonce ou que le gleucomètre marque o, enfin lorsque le principe sucré est à peu près disparu.

Il est à regretter que la pauvreté du vigneron, et souvent son défaut d'intelligence, ne lui permettent pas de faire usage des appareils que nous avons décrits ; mais on ne doit pas attendre non plus, d'un particulier ou d'un vigneron, une précision et une justesse dans les expériences, telles qu'un chimiste peut le faire : par conséquent on peut employer des instrumens moins compliqués et moins dispendieux que ceux que nous avons indiqués : car il ne faut pas croire qu'une rigoureuse précision soit ici d'une nécessité absolue.

Un simple couvercle percé dans son milieu d'un trou circulaire d'environ 27 millimètres (un pouce), par lequel passe la tige d'un indicateur ; un pèse-moût et un thermomètre placé dans le cellier : voilà qui est suffisant.

On peut encore, par exemple, au lieu du tuyau E, fermer le trou C du couvercle avec un morceau de peau de mouton, percée au milieu d'un trou assez large pour que l'indicateur puisse s'y mouvoir, sans être trop gêné.

A la rigueur, une grosse toile serrée, percée dans le milieu d'un trou pour laisser passer la tige de l'indicateur, peut remplacer le couvercle.

Avec ces légères additions, on améliorera beaucoup la qualité des vins : ces appareils très-simples sont bien moins coûteux que celui qui est attribué à Mlle. Gervais (1). Les

---

(1) Si le principe de l'appareil *vinificateur* était reconnu utile, on pourrait substituer avec avantage à cet appareil les divers condenseurs connus, par exemple un serpentin avec son réfrigérant. L'extrémité inférieure

vins faits par l'un ou l'autre procédé *ne mon-
treront pas de différence.*

Nous devons mentionner, et *pour cause*,
que l'appareil que nous venons de faire connaître a été vu, il y a plusieurs années, par
des commissaires de la Société des Sciences
de Metz, parmi lesquels se trouvaient MM.
Gorcy, *Sérullas* et *Poncelet*.

§. II.

Sur le foulage du raisin.

On recommande généralement le foulage
le plus parfait du raisin contenu dans une
cuve ; on prétend même que la perfection
de la fermentation dépend du soin que l'on
a pris de fouler exactement.

Cependant, quel est le vin le plus fort,
celui qui est le plus de garde, le meilleur
enfin ? c'est le vin que l'on retire du pressoir
à la première serre : on le nomme *mère goutte.*
C'est précisément celui qui provient de l'ex-
pression des raisins qui ont échappé au
foulage.

C'est une erreur de croire que les raisins
non écrasés ne fermentent pas, lorsqu'ils

---

du serpentin aboutirait au couvercle de la cuve : la partie
supérieure du serpentin élevée de 33 centimètres (1 pied)
au-dessus de l'eau du réfrigérant, se replierait pour se
plonger de quelques pouces dans l'eau.

sont immergés dans le moût en fermentation ;
nous nous sommes convaincu du contraire.

Nous avons placé au milieu d'une cuvée
bien foulée, deux grands paniers de raisins,
et nous avons laissé fermenter le vin à l'ordinaire dans une cuve exactement close par
notre appareil : après la fermentation, nous
avons retiré les paniers contenant les raisins
dans leur intégrité, et nous les avons fait
pressurer séparément : la liqueur qu'ils con-
tenaient avait fermenté. Nous ajouterons
que ce vin était d'une qualité de beaucoup
supérieure à celui qui provenait des raisins
foulés, quoique ce fussent la même cuve et
les mêmes raisins.

Il ne faut pas toutefois conclure de cette
expérience que le raisin ne doive pas être
foulé, car il est nécessaire que le marc soit
baigné dans le moût.

§. III.

Sur l'ouillage des vins. — Instrument
très-utile pour cet objet.

Les œnologistes ne sont pas d'accord sur
l'utilité de l'opération que l'on nomme
ouillage. Voici en quoi consiste cette opération. Lorsque le vin sort du pressoir, on
le met en tonneaux : mais dans plusieurs
pays on remplit entièrement les tonneaux,
afin que la liqueur, en fermentant, puisse

jeter au dehors l'écume et les impuretés dont elle est chargée. Il faut avoir soin *d'ouiller* c'est-à-dire de remplir les tonneaux tous les jours, tant que le vin continue à fermenter.

Plusieurs œnologistes prétendent au contraire, qu'il est inutile de remplir entièrement les tonneaux, parce que l'écume se précipite d'elle-même avec la lie, au fond du vase.

Ces deux pratiques, quoique opposées, ont cependant l'une et l'autre de très-grands avantages.

Dans le premier cas, c'est-à-dire lorsqu'on remplit tous les jours les tonneaux, on débarrasse le vin d'une portion d'impuretés et de ferment qui, en restant dans la liqueur, la rendent trouble pendant longtemps, et peuvent y occasionner diverses altérations.

Dans le second cas, on évite un travail assez considérable, et le vin fait par ce moyen se clarifie bien, quoiqu'à la longue : mais ce qui est très-important, c'est que l'on peut alors fermer le tonneau avec une soupape qui empêche l'accès de l'air atmosphérique, qui retient une grande portion d'acide carbonique et le force à se recombiner avec la liqueur ; tandis que dans l'autre cas, on est obligé de laisser le tonneau débouché pendant 8 ou 10 jours.

En outre le vin qui s'écoule hors du

tonneau avec l'écume, pendant la fermentation, est non seulement perdu pour le
propriétaire, mais il a encore le désagré-
ment d'humecter le sol de la cave, d'y
entretenir une constante humidité qui fait
pourrir les cercles et donne au vin une
odeur désagréable (1).

On peut réunir d'une manière très-com-
mode les avantages de ces deux méthodes
au moyen de l'instrument dont nous allons
donner la description.

Il doit avoir les qualités suivantes :

1°. Faciliter la sortie de l'écume et des
impuretés de la liqueur fermentante : car il
vaut beaucoup mieux faire sortir l'écume
et les impuretés de la liqueur, que de les faire
repasser à travers le vin, pour qu'elles aillent
rejoindre la lie.

2°. Empêcher la déperdition du vin qui
sort avec l'écume et que ce vin ne s'évente.

3°. Produire l'effet d'une soupape ser-
vant à retenir le gaz dans le tonneau.

4°. Donner la facilité de remplir le tonneau à volonté, sans toutefois laisser échapper le gaz.

---

(1) On a recherché à remédier à ces inconvéniens
en adaptant à la bonde un conduit en fer-blanc, qui
dirige dans une auge de bois placée entre deux tonneaux, tout le vin qui se dégorge pendant la fermentation et celui même qui, sans ce petit appareil, serait
perdu dans les remplissages qui se répètent si souvent
à cette époque. Ce procédé a produit un bénéfice
d'une pièce sur cinq.

Description et usage de l'instrument.

Il se compose de trois parties :

1°. D'un long tube ou entonnoir A, (fig. 4), par lequel on verse le vin pour remplir le tonneau. Il est fermé à la partie supérieure par un bouchon de liége.

2°. D'un tube recourbé B,F, destiné à donner issue à l'écume et au gaz. Ces deux pièces traversant un bouchon conique C, en fer-blanc, que l'on place dans l'ouverture de la bonde du tonneau.

3°. D'un flacon D, ou réservoir dans lequel s'amassent l'écume et le vin : ce flacon a deux ouvertures *g,h*, fermées par des bouchons de liége. Un couvercle *i* ferme la partie supérieure de ce flacon.

Pour faire usage de cet appareil, on l'enfonce dans la bonde du tonneau jusqu'au bouchon C ; on le fixe solidement et on lute ensuite bien exactement le pourtour de la jointure du bouchon, avec du suif ou avec du lut de farine de graine de lin, etc.

On ôte alors le bouchon de l'entonnoir A, et l'on verse par cet entonnoir, du vin dans le tonneau, jusqu'à ce que le tonneau soit plein ; on referme avec soin l'entonnoir et l'on met, dans le réservoir D, du vin jusqu'au tiers de sa hauteur.

On conçoit maintenant que le vin en travaillant fera monter le gaz carbonique et l'écume par le tube recourbé aboutissant à la partie inférieure du flacon D. Comme ce flacon renferme une certaine quantité de vin qui est à la même hauteur dans le tube recourbé, le gaz, pour s'échapper, sera obligé de refouler la colonne de vin contenue dans la seconde branche F du tube recourbé, et de passer à travers le liquide qui exercera toujours sur lui une pression de plusieurs pouces, et formera ainsi une sorte de soupape hydraulique.

L'écume chassée par le vin du tonneau passera à travers les tubes, et viendra à la surface du vin contenu dans le flacon.

En remplissant le tonneau, on ne donnera pas pour cela issue au gaz; car l'extrémité inférieure de l'entonnoir étant plongée dans le vin, le gaz ne pourra pas s'échapper par cette ouverture.

Dans les premiers jours, il faudra remplir au moins deux fois par jour, et mettre une écuelle ou une assiette au-desous du flacon D, afin que le vin qui pourrait s'échapper par le tube g, que l'on a eu soin de déboucher, ne soit pas perdu; on le mettra dans un tonneau à part, ou bien on l'emploiera pour le remplissage.

On enlevera aussi l'écume contenue dans le flacon D.

Lorsque la fermentation tumultueuse sera

passée, on ouvrira le bouchon *h*, pour faire sortir du flacon D le vin qui y sera contenu, et on y mettra de l'eau à la place. On laissera ainsi l'appareil jusqu'à ce que l'on puisse bondonner les tonneaux; on peut même laisser continuellement cet appareil sur le tonneau, car il ferme aussi hermétiquement que le ferait un bondon.

L'appareil doit être construit en fer-blanc. Voici ses dimensions: hauteur totale du tube A: 52 centimètres (19 pouc. 3 lig.).

Au-dessous du bouchon C, 16 centim. (6 pouces).

Au-dessus du bouchon C, 32 centim. (un pied).

Diamètre du tube A; 9 millim. (4 lig.).

Hauteur le l'entonnoir: 27 millimètres (1 pouce).

Largeur de l'entonnoir à la partie supérieure: 54 millim. (2 pouces).

Hauteur du bouchon conique C: 33 millimètres (15 lignes).

Diamètre du bouchon C, à sa partie supérieure ou la plus large: 48 millimètres (22 lignes).

Diamètre du bouchon C, à sa partie inférieure: 36 millimètres (16 lignes).

Hauteur du flacon D: 189 millimètres (7 pouces).

Diamètre du flacon D: 8 centimètres (3 pouces).

Diamètre du tube recourbé B, E: 27 millimètres (1 pouce). La seconde branche, F, du tube recourbé doit avoir 54 millimètres (2 pouces) de hauteur de plus que le flacon D.

Les tuyaux *g* et *h*, doivent avoir 27 millimètres (1 pouce) de longueur et 6 millimètres 1/2 (3 lignes) de diamètre.

Le couvercle *i* du flacon D peut être à charnière et se rabattre librement sur l'ouverture du vase. On peut le remplacer par un morceau de toile placée sur le flacon.

§. IV.

Sur le soutirage. — Appareil pour déféquer les vins (les séparer de leurs lies) sans les transvaser.

Un des plus puissans moyens de conservation et d'amélioration pour les vins, est la *défécation* qui consiste, comme l'on sait, à soutirer tout le vin contenu dans les tonneaux ; on n'y laisse que le fond, c'est-à-dire le vin trouble et la lie.

Mais le soutirage est-il le meilleur moyen pour parvenir au but que l'on se propose ? Non, il s'en faut de beaucoup : car le vin soutiré plusieurs fois s'affaiblit considérablement, et après une certaine époque, chaque nouveau soutirage en accélère la décrépitude. Ajoutons à cela les inconvéniens immenses qu'entraîne le soutirage : d'autres tonneaux ; beaucoup d'ouvriers ; une perte de temps considérable ; et par conséquent une dépense très-forte.

Tout le monde connaît les nombreux inconvéniens de cette pratique, sur-tout, lorsque l'on est obligé de transvaser des foudres d'une vaste capacité et qui n'ont besoin d'aucune réparation.

L'objet du soutirage est de séparer le bon vin de la lie : et pourquoi ne pas faire sortir la lie seule et laisser le vin dans le tonneau ? Le moyen en est très-simple : supposons une ouverture, une bonde, à la partie inférieure du ventre du tonneau, c'est-à-dire dans celle où les lies se réunissent ; si l'on débouche cette ouverture, la lie s'échappera la première : lorsqu'elle sera sortie, ainsi qu'une partie du vin épais, on refermera cette ouverture, et voilà l'opération terminée ; on n'aura plus qu'à remplir le tonneau avec du nouveau vin.

Cette opération, comme l'on voit, est très-simple ; elle n'est ni longue ni coûteuse. Nous allons donner quelques détails sur les moyens de l'exécuter le plus sûrement et le plus avantageusement qu'il est possible. Toutefois l'appareil que nous proposons ne peut guères être appliqué avec avantage aux vaisseaux qui contiennent moins de huit hectolitres.

Avant de soutirer ainsi la lie, il faut remplir le tonneau, en faire sortir les fleurs et le vin aigri qui est à la partie supérieure, pour empêcher, lorsqu'on remplira de nouveau, que ce vin gâté ne se mêle au reste du liquide. Il faudra ensuite boucher légèrement la bonde, afin que l'écoulement des lies ne se fasse point par secousses vives et brusques.

Quelquefois il peut suffire que le tonneau ait en dessous un bondon semblable à celui qui est dessus. Ce bondon inférieur doit être retenu par une bride de fer serrée par une clavette, comme on le voit dans la figure 5.

Le tonneau doit être bougu, c'est-à-dire, avoir le ventre très-large, afin que les lies se rassemblent au milieu et qu'elles n'y occupent que le moins de surface possible.

Pour les foudres, voici la construction la plus avantageuse.

A, figure 6, portion du foudre ; à la partie inférieure du ventre, il y a une ouverture circulaire de 21 à 33 centimètres (8 pouces à 1 pied) environ de diamètre, qui reçoit le tube conique B en bois, bien cerclé en fer et bien assujetti, auquel est adapté le tube C en cuivre, en fonte ou en étain. Ce tube porte un robinet D de métal ou de bois bouilli dans l'huile et bien graissé avec du suif. A sa partie postérieure, est une rondelle de cuir gras bien assujettie au moyen d'une rondelle de métal qui la recouvre et la serre par une vis de pression, pour empêcher que le robinet puisse être sorti. L'ouverture de ce robinet doit être de 54 à 67 millimètres (2 pouces à 2 pouces et demi).

E, boîte à vis qui ferme la partie inférieure du tube B, C, E; elle a pour objet de prévenir la perte du vin dans le cas où le robinet n'aurait pas été bien ajusté. Les fig. 7 et 8 présentent les développemens de ces diverses parties.

On conçoit sans peine que la lie qui occupe toujours la partie inférieure du tonneau se réunit en B.

Il résulte de là qu'elle présente très-peu de surface et qu'elle a le moins de contact possible avec le vin.

Pour donner issue à la lie, il faut dévisser la boîte E, ouvrir le robinet, et le refermer lorsque la lie et le vin épais seront sortis. On peut même séparer ainsi le vin épais et la lie.

Quelquefois la lie est tellement durcie qu'elle ne s'écoule pas, lorsque le robinet est ouvert; dans ce cas, on rompt la croûte inférieure à l'aide d'un ciseau, etc.

Voici encore une construction plus simple que la précédente.

A, figure 9, tube en fonte douce ayant un robinet B que l'on ouvre avec la clef C. On attache cette pièce D, avec des écroux *ee*, à la partie inférieure du tonneau, ensuite on lute et l'on goudronne bien toutes les jointures. F est un tampon de bois recouvert de toile, que l'on enfonce médiocrement dans la partie inférieure du tube A, pour empêcher la perte du vin par le robinet B.

Le diamètre du tube et de l'ouverture du robinet doit être de 54 millimèt. (2 pouces) environ. Le robinet doit être bien enduit de suif.

La méthode que nous proposons est, jusqu'à un certain point, connue et même pratiquée en Champagne.

Après que l'on a mis le vin dans des bouteilles, on les bouche légèrement, et on les retourne en sorte que le bouchon soit en dessous. La lie s'amasse dans le cou de la bouteille, et après quelque temps on débouche légèrement; la lie s'échappe, et l'on rebouche de suite. On répète cette opération trois à quatre fois.

C'est par ces moyens que l'on donne aux vins de Champagne cette brillante limpidité qui en augmente beaucoup le prix.

Si l'on était obligé de trop élever les foudres afin de pouvoir placer un baquet au-dessous du robinet, on ferait au besoin une excavation dans le sol de sa cave.

Comme les deux douves inférieures se

trouvent beaucoup affaiblies par l'ouverture qui y est pratiquée, et que le poids du
vase pourrait les dégrader, les gîtes doivent
avoir une entaille demi-circulaire dans la-
quelle repose le tonneau. Les deux douves
inférieures doivent être plus larges que les
autres.

§. V.

Sur le transvasage.

On vante beaucoup la méthode usitée en
Champagne, de transvaser les vins hors du
contact de l'air, au moyen de longs tuyaux
de cuir. Ce procédé est très-avantageux lorsqu'on veut faire passer le vin d'un vase supérieur dans un vase inférieur; mais, lorsqu'on veut faire monter le vin au-dessus de
son niveau, il faut adapter à la bonde un
soufflet, à l'aide duquel on introduit avec
force dans le tonneau, une grande quantité
d'air, qui exerce une pression sur le vin,
et qui l'oblige à sortir d'un tonneau pour
monter dans l'autre : c'est alors que ce procédé devient éminemment défectueux.

En effet, on emploie d'un côté tous les
moyens de soustraire le vin au contact de
l'air, et de l'autre, on comprime, on presse
de l'air dans le vin, on les force à se mêler ;
ce mélange est sans doute infiniment nuisible
à la liqueur.

On peut diminuer et même faire cesser les inconvéniens que nous signalons en employant le gaz sulfureux au lieu d'air, au moyen de l'appareil suivant :

Ajustez à la soupape A, figure 10, du soufflet, un tube de cuir muni d'une douille qui s'adapte au baril B.

Ce baril a trois ouvertures : l'une C pour recevoir la douille du tube de cuir; l'autre D qui doit rester ouverte; la troisième E qui est fermée par un bouchon ou méchoir auquel est attachée une mèche ou une ficelle soufrée que l'on allume, lorsque l'on veut faire usage de l'appareil.

On conçoit maintenant que le soufflet au lieu d'aspirer de l'air commun, aspirera le gaz sulfureux, ou plutôt l'air privé de son oxigène, contenu dans le baril, et le portera dans le tonneau. Cette addition ne peut qu'être utile pour la conservation du vin.

Il est un moyen de faire passer le vin d'un vase inférieur dans un vase supérieur, hors du contact de l'air, en employant le vide. Quoique ce procédé ne puisse pas être d'une application générale, nous devons cependant l'indiquer, vu qu'il peut être employé avec avantage en plusieurs circonstances.

Ayez un petit alambic ou une cornue tubulée de la contenance de 3 à 4 litres, A, figure 11; remplissez-le de vin et placez-le sur un petit fourneau. Au tube B, du chapiteau, adaptez une allonge C, de 27 millimèt. (1 pouce) au plus de diamètre, en sorte qu'elle descende jusqu'à près de moitié du tonneau que vous voulez remplir. Faites bouillir fortement le vin, et après six à dix minutes, lorsque la vapeur sortira avec force par la bonde du tonneau, retirez promptement l'allonge; bouchez aussitôt le tonneau avec un bondon qui ferme bien exactement, et lutez les bords de ce bondon avec du suif.

On voit déjà que l'air contenu dans le tonneau a été dilaté par la chaleur de la vapeur; qu'une grande portion de cet air est sortie par la bonde du tonneau et qu'elle a été remplacée par la vapeur. Mais cette vapeur en se condensant occupera une place bien moins considérable. Il se formera donc un vide partiel dans l'intérieur du tonneau. Maintenant si à l'anche de ce tonneau *vide*, on adapte un tube communiquant à l'anche d'un autre tonneau contenant le vin que l'on veut faire monter, et si l'on ouvre les deux anches, la liqueur s'élévera rapidement dans le tonneau vide.

En deux ou trois minutes on élèvera par ce moyen 10 ou 11 hectolitres de vin à 4 ou 5 mètres (12 à 15 pieds) de hauteur.

On ne parvient pas ordinairement à remplir ce tonneau au delà des deux tiers de sa capacité (1).

§. VI.

Sur le remplissage. — Instrument pour remplir les vins sans refouler dans le liquide, le vin gâté qui se trouve à sa surface.

Le vin qui est dans les futailles s'échappe par les pores des tonneaux; il diminue par l'évaporation; et après quelques semaines, il s'est formé un vide à la partie supérieure des vases.

La couche supérieure de vin qui est alors en contact avec l'air, se recouvre de moisissure, de fleurs, de pourriture; ce vin se tourne en vinaigre ou il se gâte.

Lorsque l'on remplit une futaille en y versant du vin avec une cruche, comme cela se pratique d'ordinaire, on fait rentrer, on refoule dans le bon vin, le vin gâté qui se trouve au-dessus, et on l'y enfonce d'autant

---

(1) Nous avons appliqué ce principe à la construction d'un *Aspirateur hydraulique à vapeur* qui élève à la hauteur de 25 pieds un courant d'eau continu, qui fonctionne seul et qui n'occasionne qu'une faible dépense de combustible. Nous publierons sous peu la description de cette machine, qui offre de grands avantages aux usines qui ont du feu à leur disposition.

plus profondément que l'on verse de plus haut.

On peut facilement se convaincre que ce mélange nuisible a lieu comme nous le disons, si l'on fait attention à ce qui se passe lorsque l'on verse du vin sur de l'eau dans un vase de verre. Quoique la pesanteur spécifique du vin soit moindre que celle de l'eau, on voit néanmoins tout le liquide prendre à l'instant une teinte uniforme.

Pour éviter en partie, dans le remplissage des vins, le grave inconvénient que nous signalons, on pourrait faire usage d'un entonnoir ayant un long tube qui plongerait de quelques pouces dans le vin du tonneau. En versant avec précaution le vin par cet entonnoir, le tonneau se remplirait sans secousses, et le vin gâté sortirait par l'ouverture de la bonde.

Voici l'instrument que nous proposons et qui nous paraît remplir son objet d'une manière exacte et avantageuse.

Il se compose 1°. d'un tube vertical ou entonnoir, A, figure 12, par lequel on verse le liquide destiné à remplir le tonneau; 2°. d'un tube coudé B, destiné à la sortie de la couche de vin gâté : ces deux pièces traversent un bouchon conique en fer blanc C, que l'on entoure de linge et que l'on place dans la bonde du tonneau; 3°. d'une tringle de fer D, portant un bouchon E, destiné à fermer l'orifice inférieur de l'entonnoir.

Pour faire usage de cet instrument, on enfonce la tringle et le bouchon dans le tube, de manière à en fermer l'ouverture inférieure, on introduit dans le tonneau, l'instrument jusqu'au cône C, que l'on a garni de linge, et on le fixe solidement dans le trou de la bonde. On emplit ensuite l'entonnoir avec du vin ; alors on relève le bouchon de quelques pouces, au moyen de la tringle, et l'on continue à verser le vin dans l'entonnoir. Lorsque le tonneau est plein, la couche de vin gâté passe par le tuyau B et s'écoule au dehors. On doit en laisser sortir une certaine quantité que l'on met dans un tonneau à part, ou que l'on emploie pour faire du vinaigre.

On enfonce alors le bouchon dans l'entonnoir, au moyen de la tringle et l'on retire l'instrument du tonneau que l'on bondonne comme à l'ordinaire.

On voit que le remplissage se fait ainsi d'une manière parfaite. Le vin de remplissage est ralenti dans sa chûte par le bouchon qui est resté dans le tube et il s'écoule lentement ; le liquide s'élève peu à peu dans la futaille ; le vin gâté est soulevé et transporté au dehors, sans aucune secousse, et sans se mélanger nullement avec le vin du tonneau ou avec celui du remplissage.

Cet appareil est construit en fer blanc. La longueur du tube A doit être de 40 à 48 centim. (15 à 18 pouc.); son diamètre à la partie supérieure est de 10 centimètres (4 pouces), le corps du tube est de 18 millim. (8 lignes), enfin l'ouverture inférieure est de 5 millimètres (2 lignes 1/2).

Le tube B doit avoir de diamètre 9 millimètres (4 lignes) et de longueur 8 à 10 centimètres (3 à 4 pouces).

Le cône C doit avoir de diamètre à sa partie supérieure ou la plus large, 48 millim. (22 lignes); à sa partie inférieure 33 millim. (15 lignes); il est fermé de toutes parts.

La tringle doit traverser le bouchon et le maintenir en dessus et en dessous au moyen de deux petites rondelles de métal.

A la place de la tringle et du bouchon, on pourrait mettre au bas du tube un morceau de taffetas gommé ou de vessie, qui s'ouvrirait de dedans et en dehors, et ferait l'office d'une soupape ou valvule.

Les figures 13 et 14 représentent cette disposition.

La fig. 12 est le plan de l'extrémité inférieure de l'entonnoir.

La fig. 14 est la coupe de la partie inférieure de l'instrument.

On a proposé pour conserver les tonneaux toujours pleins, de placer au-dessus de la bonde des flacons qui se vident au fur et à mesure que le vin s'échappe.

Ce moyen peut être utile, mais il est imparfait : car il y a toujours à la partie supérieure du flacon un espace vide ; cet espace contient de l'air qui, étant en contact avec le vin, suffit pour le rendre de mauvaise qualité. Il vaudrait mieux adapter à la bonde, une vessie de porc, remplie de gaz sulfureux ou d'acide carbonique ; à mesure que le vin diminue, le gaz contenu dans la vessie passe dans le tonneau. On change la vessie lorsqu'elle est vide. On évite par ce moyen le contact du vin avec l'air, qui en est la peste, comme l'a dit Bidet.

A, figure 15, vessie remplie d'acide carbonique ; elle est attachée comme on le voit dans la figure, à un tube en bois B, ayant un robinet C. Ce tube se place dans le trou de la broche du tonneau, ou dans un bondon percé E, qui s'ajuste dans la bonde.

A l'époque de la vendange, on peut se procurer en abondance l'acide carbonique qui s'échappe des vins en fermentation ; mais on peut aussi le faire avec beaucoup de facilité dans tous les temps par le procédé suivant : mettez 61 grammes (2 onces) de craie réduite en petits morceaux, dans une grande bouteille ordinaire ; versez par-dessus 122 grammes

(4 onces) d'eau et ajoutez y 45 grammes (1 once 1/2) d'acide hydro-chlorique (muriatique); mettez aussitôt la vessie avec son tube dans le goulot de la bouteille de manière à ce qu'il joigne bien : ouvrez le robinet, le gaz montera dans la vessie; lorsqu'elle sera remplie, vous fermerez le robinet et vous l'enleverez.

On peut remplir ainsi successivement, plusieurs vessies de gaz carbonique.

Metz, de l'Imprimerie de C. LAMORT.

Instrumens pour conserver et améliorer les vins par J. Ch. herpin

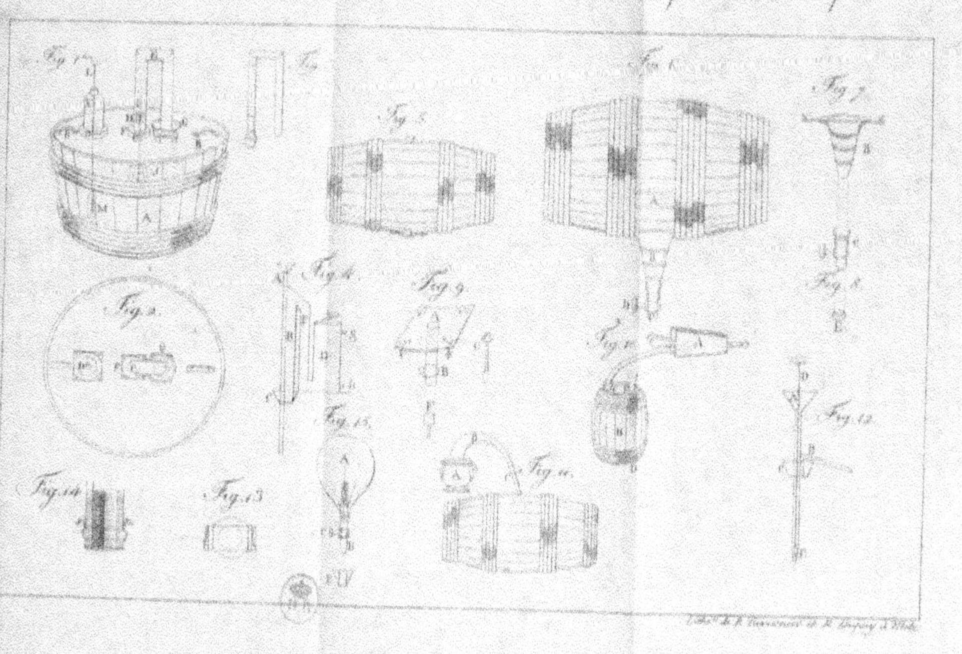